BBC earth 博思星球

科普版

王朝

—— 伟大的动物家族 ——

DYNASTIES

—— THE GREATEST OF THEIR KIND ——

探秘老虎

［英］丽莎·里根／文　张懿／译

科学普及出版社
·北 京·

北京市版权局著作权合同登记　图字：01-2022-6296

图书在版编目（CIP）数据

王朝：科普版.探秘老虎 /（英）丽莎·里根文；张懿译 . -- 北京：科学普及出版社，2023.1
ISBN 978-7-110-10498-9

Ⅰ.①王… Ⅱ.①丽… ②张… Ⅲ.①虎-少儿读物
Ⅳ.① Q95-49

中国版本图书馆 CIP 数据核字（2022）第 167366 号

总 策 划：	秦德继	助理编辑：	倪婧婧
策划编辑：	周少敏　李世梅　马跃华	封面设计：	张　苗
责任编辑：	李世梅　郑珍宇	责任校对：	张晓莉
版式设计：	金彩恒通	责任印制：	李晓霖

出版：科学普及出版社　　　　　　　　　　　　　邮编：100081
发行：中国科学技术出版社有限公司发行部　　　发行电话：010-62173865
地址：北京市海淀区中关村南大街 16 号　　　　传真：010-62173081
网址：http://www.cspbooks.com.cn

开本：787mm×1092mm　1/12
印张：13 ⅓　　　　　　　　　　　　　　　　　字数：100 千字
版次：2023 年 1 月第 1 版　　　　　　　　　　印次：2023 年 1 月第 1 次印刷
印刷：北京世纪恒宇印刷有限公司

书号：ISBN 978-7-110-10498-9 / Q·280　　　　定价：150.00 元（全 5 册）

目 录

这是拉杰·贝拉

拉杰·贝拉是一只雌虎，是英国广播公司（British Broadcasting Corporation, BBC）《王朝》系列节目里的明星。节目组跟踪拍摄了它两年，展现了它在印度班达迦老虎自然保护区的生活。在那里，它养育了四只新生的幼崽。老虎是一种迷人的动物，它们身上有很多值得我们了解的东西。

基本概况

种：虎

亚种：现生 6 亚种

纲：哺乳纲

目：食肉目

保护现状：濒危

野外寿命：10 ~ 15 年

分布：亚洲（主要是印度）

栖息地：森林和草原

体长（从鼻子到尾巴的长度）：

雄性 250 ~ 390 厘米

雌性 200 ~ 275 厘米

体重：雄性 90 ~ 306 千克

雌性 65 ~ 167 千克

食物：鹿、野猪、猴子、鸟类、野兔

威胁：其他老虎、熊、鳄鱼

来自人类的威胁：丧失栖息地，人类为获取老虎的毛皮和某些身体部位而进行的捕杀行为

老虎的分类

目前世界上老虎有六个亚种，拉杰·贝拉是一只孟加拉虎。

孟加拉虎有时也被叫作印度虎。

孟加拉虎是地球上最常见的老虎亚种。

其他的现存的老虎亚种有**东北虎、苏门答腊虎、马来虎、印支虎**和野外灭绝的**华南虎**。

御寒的"外套"

东北虎居住在俄罗斯和中国东北的寒冷地带。它们的毛皮特别厚，能够保暖。

找不同

东北虎又称阿穆尔虎，它们的毛皮颜色比孟加拉虎浅。

有三个亚种的老虎已经灭绝了，它们是里海虎、巴厘虎和爪哇虎。

近距离看一看

老虎的身体仿佛是为了捕捉猎物而设计的。它们的身体强壮有力，身上的条纹能让它们躲藏在植物或者阴影中。

耳朵竖起来，能听到最微弱的声音

小小的门齿，能把肉从骨头上剔下来

长而弯曲的犬齿可以撕咬和杀死猎物

胸腔很大，保护着硕大的心和肺

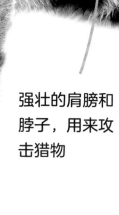

强壮的肩膀和脖子，用来攻击猎物

指甲缩回脚掌，以防磨损

和所有的猫科动物一样，老虎用脚趾走路，而不是用整只脚掌。

老虎的条纹几乎能让它隐身草丛

肌肉强健有力，擅长跳跃和奔跑

老虎的指甲比人类最长的手指还长，能帮助老虎捕捉并抓牢猎物。

老虎生活在哪里？

过去，老虎生活在很多国家，从西边的土耳其到东边的俄罗斯，横跨整个亚洲，都能见到它们的踪迹。

有幼崽的老虎通常住在山洞里。

现在，老虎只生活在少数几个地方。大部分在**印度**和**俄罗斯**，一小部分在**中国**，还有为数不多的几种在其他**南亚**和**东南亚**国家。

囚笼生涯

世界上半数以上的野生老虎生活在印度。不过，生活在动物园和野生动物园里的老虎，比生活在野外的多。

白虎的眼睛是蓝色或者绿色的，而不是通常的橙色或者黄色的。

它们的条纹是棕色的，不是黑色的。

白虎是一种特殊的孟加拉虎，你可能在动物园里见过它。

这些老虎在野外的生存能力不强，白色的毛皮使得它们难以躲藏和捕猎。

老虎的家

老虎生活在树木葱茏、草盛水丰、猎物繁多的地方。

拉杰·贝拉和它的幼崽们要知道哪里可以找到水喝，哪里更凉爽。

捉迷藏

高高的草可以在老虎捕猎时把它们掩藏起来。

大型猫科动物的一生

老虎是食肉动物，这意味着它们主要以肉类为食。它们主要吃大型动物，比如鹿和野猪。

睡觉、捕猎、进食

老虎把很多时间花在睡觉上，每天能睡20多个小时。它们捕猎的时候，需要吃很多食物。要是猎物够大，它们可以好几天不再需要捕猎。

四颗长长的犬齿，每颗都像人类的中指一样长！

老虎常常在夜里捕猎。要是在白天捕猎，条纹就会成为它们的伪装，把它们隐藏起来。

大吃一顿

一只成年老虎一天能吃得下相当于 350 个"巨无霸"汉堡分量的肉。

老虎会尽可能地接近猎物，然后猛扑上去，咬住猎物的脖子或喉咙来捕杀它们。

照顾幼崽

大部分雌虎一次可以生两只到四只幼崽。刚出生的幼崽紧闭双眼，几乎走不了路。

藏身之处

拉杰·贝拉把它的幼崽藏在山洞里，以保护它们的安全。如果有别的动物发现了山洞，拉杰·贝拉就会把幼崽挪到新的藏身之处。

幼崽会和妈妈一起生活到两岁左右。

幼崽喝妈妈的奶，两个月左右大的时候，可以开始吃肉。

扫码看视频

幼崽在探索中学习，这一只幼崽被困在了树上。

超强的感官

每一顿饭都要靠自己捕猎不是件容易的事。老虎有着神奇的眼睛和耳朵，可以帮助它们追踪猎物。

夜视

老虎的眼睛能在光线昏暗的时候看清移动的物体，所以即使天黑了它也能捕猎。

老虎在森林里不容易看清事物，所以听觉对老虎非常重要。

听一听

老虎的听力比人类好得多。它们的耳朵可以转动，能够听到来自四面八方的最微弱的声音。

气味能帮助老虎互相传递信息。

触一触

在黑暗中，所有猫科动物都用触觉来找路。它们的胡须超级敏感，能帮助它们安全地捕猎和行动。

老虎的嘴角长有胡须，脸颊上、眼睛上方和腿上也长有像胡须一样硬的针毛。

19

老虎的领地

拉杰·贝拉有自己的捕猎场所。它要保护这块地方，免得被其他老虎侵占，不然它就无法为自己和幼崽找到足够的食物了。

扫码看视频

其他老虎的领地就在拉杰·贝拉的捕猎场所周围。为了得到更大的空间，老虎们会互相争斗。

气味标记

老虎用气味跟其他老虎进行交流。

为了保护领地的安全，老虎会在领地边缘标记上自己特殊的气味。

在树上喷上尿液，留下气味做标记。

濒危物种

100 多年前，大约有 10 万只老虎居住在不同的国家，现在可能只有不到 4 000 只了。

偷猎者捕捉老虎，把它们美丽的毛皮卖掉，虎骨、虎牙和虎爪则被用来制药，甚至配药酒。

无家可归

今天，野生老虎面临的最大问题是栖息地的丧失。有些土地被自然灾害摧毁了，但更多的是被人类占用了。

捕猎场所

    老虎需要大片领地来捕猎、生存，但很多土地都被人类的村庄、乡镇和城市所占据。在日渐缩小的领地上，老虎很难获得足够的食物。

老虎独自捕猎，每一只老虎都需要一大块相对固定的领地。

离远点儿

    有时候，老虎会试着从村庄里偷走牛或者狗，那么人类就会把老虎赶走，甚至杀了老虎。

好消息是，老虎受到了保护，它们的数量又慢慢回升了。

还有谁生活在这里？

和孟加拉虎共同生活在印度森林里的有各种各样的动物，只有足够聪明的老虎，才能够捉住它们，把它们当作食物。

小心！

白斑鹿成群结队地生活，以植物为食，它们是老虎的重要食物来源。

空中

树上有很多美丽的鸟儿。蜂虎在捕捉昆虫时周身闪烁着明亮的色彩。

这些色彩艳丽的鸟儿以飞虫为食。

在树上

这些长尾叶猴[1]成群地聚集在树上。

亚洲胡狼看上去就像一只小型的狼，它对老虎的幼崽构成威胁。

扫码看视频

---

1 长尾叶猴又叫哈奴曼叶猴，是以印度神话中猴神哈奴曼的名字命名的。——编者注

捕食者和猎物

食物链顶端

老虎在它的活动范围内是顶级捕食者，这意味着没有哪一种动物能够以成年老虎为食。

老虎是大型猫科动物中体形最大的，这让它成了强大的捕食者。年轻的大象、多刺的豪猪、可怕的鳄鱼，都是它攻击的对象。

老虎能够控制鹿等食草动物的数量，这样食草动物就不会破坏掉所有植物。

食物链

顶级捕食者处在食物链的顶端，它们以食物链中级别较低的食肉动物和食草动物为食。

像懒熊和亚洲胡狼这样的动物会杀死老虎的幼崽。

老虎敢偷花豹捕杀的食物，因为老虎比花豹大得多，也强壮得多。

电视明星

　　如今，大部分老虎生活在保护区，比如班达迦老虎自然保护区，拉杰·贝拉就是在那里被拍摄到的。这个保护区里有大约 80 只老虎，但这并不意味着用摄像机捕捉它们的画面、制作成电视节目是件容易的事。

老虎独自生活，往往生活在难以跟踪的森林深处。雌虎和幼崽会躲藏起来，这使得拍摄它们的日常生活变得更难。

我发现

摄制人员需要非常努力地观察，才能看到躲藏在森林里的老虎。要是有哪只老虎从路上经过，摄制人员就真算交上好运了！

《王朝》节目组的摄制人员跟踪了拉杰·贝拉和它的幼崽两年。

当地的专家通过寻找老虎的脚印或者聆听其他动物发出的警告声来帮助摄制人员寻找老虎。

和人类的指纹一样，每只老虎的条纹都不同。英国广播公司的摄制人员通过比较他们拍到的照片来辨别它们。

考考你自己

看看你学会了多少关于老虎的知识。

把书倒过来，就能找到答案！

1

哪种有斑点的大型猫科动物和孟加拉虎一起居住？（提示：老虎有时候会偷它的食物）

A. 猎豹

B. 美洲豹

C. 花豹

2

老虎有时候会吃哪种带刺的动物？

3

判断正误

老虎把食物放到树木周围，以此留下气味做标记。

4

里海虎、巴厘虎和爪哇虎有什么共同点?

7

哪种老虎住在俄罗斯的寒冷地区?
A. 东北虎
B. 马来虎
C. 孟加拉虎

6

老虎是食肉动物还是食草动物?

5

说出老虎身上长有针毛的部位。

8

亚洲胡狼看起来像哪一种动物?

嗷呜~

名词解释

白虎 白化的孟加拉虎。由于基因突变，导致孟加拉虎的毛发由橙黄色底黑色条纹变成了白色底深褐色或黑色条纹。

濒危 世界自然保护联盟（IUCN）《受胁物种红色名录》标准中一个保护现状分类，指某个野生种群即将灭绝的概率很高。

捕食者 捕食和猎杀其他动物的动物。

领地 这里指动物为了找到足够的食物而占有的区域。

栖息地 动物生存、繁衍的地方。

食草动物 吃草或藻类的动物。

食肉动物 主要以肉为食物的动物。

食物链 各种生物通过一系列吃与被吃的关系（捕食关系）彼此联系起来的序列。

偷猎者 非法猎杀动物的人。

伪装 采取某种方法隐蔽自己。